羅大頭數學冒險

初階1

羅阿牛工作室 ◎ 著

中華教育

責任編輯　梁潔瑩
裝幀設計　鄧佩儀
排　　版　陳美連
印　　務　劉漢舉

羅阿牛工作室 ◎ 著

出版 | 中華教育

香港北角英皇道 499 號北角工業大廈 1 樓 B 室

電話：(852) 2137 2338　傳真：(852) 2713 8202

電子郵件：info@chunghwabook.com.hk

網址：http://www.chunghwabook.com.hk

發行 | 香港聯合書刊物流有限公司

香港新界荃灣德士古道 220-248 號荃灣工業中心 16 樓

電話：(852) 2150 2100　傳真：(852)2407 3062

電子郵件：info@suplogistics.com.hk

印刷 | 泰業印刷有限公司

香港新界大埔大埔工業園大貴街 11-13 號

版次 | 2024 年 1 月第 1 版第 1 次印刷

©2024 中華教育

規格 | 16 開（235mm x 170mm）

ISBN | 978-988-8860-99-9

羅大頭

性格 遇事沉着冷靜，善於思考，對事情有獨到的見解。

數學能力 對研究數學問題有極大的興趣和熱情，有較高的數學天賦。

朱栗

性格 文科教授的孫女，心思細膩，喜好詩詞，出口成章。和很多的女孩子一樣，害怕蟲子，愛美。

數學能力 對數學也十分感興趣，能夠發現許多男生發現不了的東西。

李沖沖

性格 人如其名，性格衝動，熱心腸，樂於助人，喜愛各種美食。

數學能力 善於提出各種各樣的問題，研學路上的開心果。

阿柳博士

數學能力 萬能博士，有許多神奇的發明，是三個孩子研學路上的引路人，能在孩子們解決不了問題時從天而降，給予他們幫助，是孩子們成長的堅實後盾。

序言

　　大人們一般是通過閱讀文字來學習的，而小孩子則不然，他們還不能把文字轉化成情境和畫面，投映在頭腦中進行理解。因此，小孩子的學習需要情境。這也是小孩子愛看圖畫書，愛玩角色扮演遊戲（如過家家），愛聽故事的原因。

　　漫畫書是由情境到文字書之間的一種過渡，它既有文字書的便利，又有過家家這類情境遊戲的親切，解決了小孩子難以將大段文字轉化為情境理解的困難。因此，它深受孩子們的喜歡也是必然的。

　　羅阿牛（羅朝述）老師是我多年的好朋友，我很佩服他對於數學教育的執着。多年來，他勤於思考，樂於研究，在數學教育領域努力耕耘。他研究數學教學，研究數學特長生的培養，思考數學教育與學生品格的培養，並通過培訓、講學、編寫書籍，實踐自己的理想。尤其可貴的是，他在教學中不是緊盯着分數，而是重視孩子們思維的訓練和品德的養成。

　　這套書是他多年研究成果的又一結晶，書中將兒童的學習特點和數學的思維結合在一起，讓數學的思想、方法可視可見，讓學習數學不再困難。

任景業

全國小學數學教材編委（北師大版）

分享式教育教學倡導者

目錄

1. 阿柳博士的考題

阿柳博士在招收小成員！

招聘 實驗室 小成員

我們快去吧！

只要答對幾道題，實驗室大門就會向你們開啟！

沒問題！

第一題：從這些數字中找出與眾不同的一個。

是2吧，它最小！

是10！它最大！

是5！5是單數！

好耶！

從不同的角度思考，你們的答案都是正確的哦！

哇!

哎喲!

這裏有 10 支鉛筆,請你們以最快的方式拿出 8 支。

1、2、3、4……

2、4、6、8,數出來了!

10-2=8

10-2=8,這不就拿出 8 支了!

哇!

哇!

《烏鴉喝水》。

我從這個故事受到了啟發。

這種解題方法叫作「排除法」，非常棒！

咳咳。

最後一道題。

那是甚麼？

哇！

是火柴！

哇！

請在不折斷火柴的前提下用兩根火柴拼出八個三角形。

咦？

這真的行嗎？

4

不會

可以換個角度看問題。

換個角度，換個角度。

你們看火柴棍的底面是不是正方形？

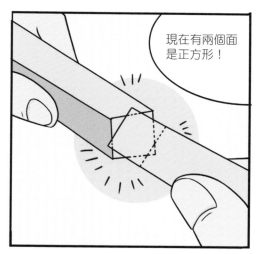

現在有兩個面是正方形！

只要將兩個正方形交錯相對，

那麼就可以組成八個三角形了。

啪　啪

以後我的實驗室隨時歡迎你們！

萬歲！

EXIT

5

2. 數學，你從哪裏來？

快看！報紙！

會有甚麼大新聞嗎？

時光穿梭機耶！我只在漫畫裏看過！

不如去實驗室拜訪阿柳博士！

科學奇跡：
阿柳博士發明時光穿梭機！

阿柳博士在嗎？

實驗室

啊！機器怎麼活過來了！

救命！

我不想被冰箱吃掉啊！

三位小朋友，歡迎你們！

您好！阿柳博士！

你們已經看見了吧！

你們想體驗一下嗎？

想！！

太好了！這就是我發明的時光穿梭機！

機器把我吃掉啦！

這是哪裏呀？好神奇啊！

我頭上這個是竹製算具。

下面是計算時看的眼睛和擺弄的手。

我小時候的名字叫「算術」。

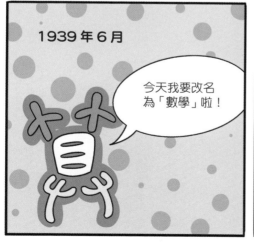

3. 難忘的交易

幾隻？

兩隻？

二……二！

終於換到了，頭都大了！

該我了。

請問多少條魚能換你一隻羊？

三條嗎？

三……三！

支支吾吾

三！

真的好難溝通哦……

請問多少果子可以換你一隻羊？

嗯……要不我用一整筐果子和你交換吧？

4. 印阿之行

神……神仙掉下來了！

這裏是古代的印度。

大叔，這是哪裏？

我們是人！是中國人！

頭飾上的符號好奇特！

來來往往

這些符號是用來幹甚麼的呀？

這是街邊書法？

女孩子頭飾的符號是提醒該買多少花布，男人身上的是提醒賣出去多少隻羊。

那這些符號是誰發明的呢？

附近有個叫毛卡的懂得很多，也許他能告訴你。

這些符號是我們印度人發明的數字。

您好！毛卡先生。

我正準備去阿拉伯旅行，你們同我一起去嗎？

好！

阿拉伯

這個符號看起來真方便！

能不能更簡單？

只需要一兩筆了。

阿拉伯數字！

這次收穫真不少！

原來阿拉伯數字最早起源於印度！

對！

快看，是阿柳博士的黑洞！可以回去啦！

哈哈，歡迎回來！

約 800 年前，阿拉伯數字才和現在使用的數字差不多。

阿拉伯數字最初只有 1，2，3，……9 九個數字，「0」大約是在幾百年前才正式出現的。

阿拉伯人寫了很多介紹印度數字使用方法的著作，後來被譯成拉丁文，慢慢傳到了歐洲。

歐洲

意大利數學家斐波那契著的《計算之書》詳細介紹了「印度數字」的優越性，歐洲多國把它作為數學教科書，促使這種數字在歐洲迅速傳播。

斐波那契

計算之書

由於這些數字是從阿拉伯傳入歐洲的，所以它們便被稱為阿拉伯數字。

原來如此！

5. 數字羣英會

今天我們能夠見到不同時代不同國家的一些數學家。

我們快出發吧！阿柳博士！

嘰 嘰 嘰

我們到啦！

慢一點！

衝啊！！

有好多人啊！長相完全不一樣！

來來往往

皮膚、頭髮、眼睛的顏色都不一樣！

當裁判？！

這次數學家大會你們可以作為裁判來選出最優秀的數字。

我來自古埃及，我帶來的是我們的象形數字，請看。

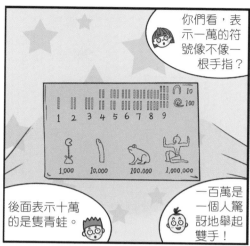

你們看，表示一萬的符號像不像一根手指？

後面表示十萬的是隻青蛙。

一百萬是一個人驚訝地舉起雙手！

這都是從古埃及獨特的文化裏演變出來的。

我們的數字既美觀又優雅！

哦～

哇！

讓我們寫寫看吧！

寫～

寫～

這也太複雜了！

哈哈哈！看起來太奇怪了！

哈

我來自古代中國，我帶來了我們中國最早的數字——甲骨文數字。

我們的甲骨文數字有規律，好書寫，這是別的數字做不到的。

這是我們中國發明的數字！

這些數字的差別太小了！很容易就會寫錯啊！

羅大頭，你這裏少寫了一橫！

我來自古羅馬，我帶來的是羅馬數字。

羅馬數字在現代的很多場合使用，作為裝飾非常棒。

時鐘裏經常出現的就是羅馬數字吧！

這些羅馬數字很像手指呢！

羅馬數字的來源就有一種說法：是古時候人們手指比畫的符號。

那第一名肯定是羅馬數字了！有趣又簡單！

先不要急着下結論。

為甚麼這裏沒有表示零的數字啊？

對啊！

我來自兩河流域。

我帶來了楔形數字。

楔形數字只需要一塊泥板和一根蘆葦桿就可以書寫。

哇，怎麼這麼多「Y」啊？

這才不是「Y」呢！

有幾個看起來都好像哦！

太容易混淆了！

嗯！

我來自阿拉伯，我帶來的是阿拉伯數字。

那肯定是我們的數字最優秀啊！

不對！應該是我們的！

不妥！

吵鬧

吵鬧

那大家有甚麼想法嗎？

不容易出錯！

阿拉伯數字很簡單。

阿拉伯數字獲勝！

WIN

28

我給大家來個腦筋急轉彎：甚麼情況下，12的一半是7？

12的一半明明是6啊！

6　6

從中間分開是「1」或者「2」，也不是「7」啊！

沒錯！就是這個了！

羅馬數字12（XII）可以從中間分開變成兩個7（VII）！

原來如此！

XII
↓
VII

6. 與阿柳博士打賭

沒有數字我們寸步難行哦。

沒有數字就不能生活了？我可不相信。

我不信。

那我們就來打個賭：一整天不說數字。

賭就賭！我才不會怕呢！

只有膽小鬼才會退縮！

那就從明天到遊樂園開始吧！記得帶上身份證哦！

我們要精心準備，打敗阿柳博士。

我們可以上網查資料！

還可以找機械人哈哈幫忙。

我們就⋯⋯

我帶⋯⋯

第二天

這回要是贏了，一定要阿柳博士的風箏。

這裏面裝的是甚麼？

這是我們的祕密武器，不能告訴你！

請把你們的身份證交給我保管。

給您！

阿柳博士肯定會問我們生日，我不能讓他知道。

我自己的東西自己保管。

我們前面有多少人呀？

李沖沖，拿出我們的祕密武器。

看我的！

不錯呀李沖沖！

難不倒我們！

好渴呀，阿柳博士。

我們去買些冷飲消消暑吧。

店員找了我11塊哦。

嘿嘿～

你們看看，剛剛給的50元，一共花了多少錢？

博士就想我們露出馬腳。

看我的吧。

我們有辦法！

是時候拿出我的祕密武器啦！

啊！這不是我們之前見過的算籌嗎！

Yes！

厲害呀！羅大頭。

嘿嘿！

這⋯⋯是甚麼意思呀？

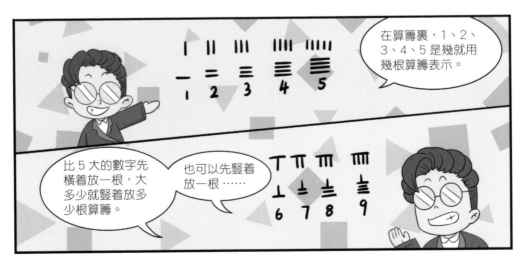

在算籌裏，1、2、3、4、5是幾就用幾根算籌表示。

比5大的數字先橫着放一根，大多少就豎着放多少根算籌。

也可以先豎着放一根⋯⋯

那為甚麼前面幾根是橫着放的？

因為古人規定了橫、縱兩種方法來表示數字，個、百、萬位上的數字用縱式。

十位　個位

十、千、十萬等用橫式。

這個數字就是39。

原來如此啊！

下午五點

小孩的精力也太旺盛了……

我們還能玩！

玩不動了。

羅大頭小朋友，你的身份證丢了，請速來廣播室認領。

呃……我去拿。

你的身份證後四位是多少呀？

是……6429。

身份證後四位多少來着？

6429 呀！哎呀，我輸了！

嗚嗚嗚……一天的努力白費了！

先別哭啦，來看看這是甚麼！

哈哈哈哈！不論輸贏，愛動腦筋的小朋友都有禮物！

我們的生活真是離不開數字呀！

7. 動物也會數學

外面有一隻小狗！

天氣很冷，我們幫幫牠吧！

好可憐……

阿柳博士快看！

汪！

電視上說小狗會算數耶！

真的嗎？

動物真的會數學嗎？

我們去動物園考察一下就知道啦！

這裏有好多鴨子哦！

嘎　嘎　嘎

小朋友，你們好啊。

山姆大叔你好！

山姆大叔，我們可以和這裏的動物玩嗎？

當然可以！

萬歲！

哈　哈　哈

接球！

好累哦！

趁休息，我給大家講個故事吧！

這是一個小鴨子找家的故事。

之前我給5隻鴨子各安排了一個家，

可是到了晚上小鴨們依然擠在一起，不知道自己該去哪個家。

嘎嘎嘎

然後呢？

我們想了一個辦法。

給每隻鴨子腳上編上號碼，依次是1、2、3、4、5。

鴨屋分別編上一、二、三、四、五。最初幾天，我們把小鴨送進對應的家。

這樣連續進行了幾天，小鴨終於可以找到自己的家了！

哇！

鴨子真的在按山姆大叔說的做！

哇！是真的！

山姆大叔！還有其他故事嗎？

那當然！

飛起來了!

好耶!

從前……

我們想要抓住一隻在瞭望樓裏築巢的鳥。

但一直不成功。

鳥好像有分辨人數的能力,於是我們想了一個辦法。

兩個人進入瞭望樓,一個人留下來,另一個人走出來。

鳥並不上當,一直等到留在瞭望樓裏的人也走出來,才肯飛回巢中。

還是沒有成功。

太難了……

後來我們增加了進入瞭望樓的人數。

一直增加到進入瞭望樓的人數為五個！

這五個人進入瞭望樓，留一個人在裏面，其他四人離開。這次鳥數不清了，牠分辨不清四與五。

！

嘿！

鳥馬上就飛回巢裏去了。我們把牠捉住並保護了起來。

幾經波折啊！

降落咯！

看！博士在那邊！

落下～

鳥至少可以區分4以內的數，說明數學意識並非是人類專有的。

8. 阿柳博士的魔法書

不會是阿柳博士珍藏的漫畫書吧！

阿柳博士怎麼會看漫畫書？

會不會是教我們做炸雞的書？

吃貨！

打開！

咦呀

好大一本書呢！打開看看。

奇妙的**數學**世界

0 是數字的開始……

0 是數字的開始？

是呀！我就是 0、1、2、3 的 0 呀！

你排在最前面，那你是不是所有數字的老大哥？

老大哥！！

不，我雖然是最靠前的數，但我其實比其他數字出現得晚。

啊？！為甚麼呀？

這還得從羅馬數字說起……

I II III IV
V VI VII
VIII IX X
XI XII

羅馬教皇

我們羅馬數字已經非常完美了！不需要 0。

所以羅馬數字裏沒有 0。

基督教

我們的上帝並沒有創造
0，所以我們不接受 0。

基督教也不接
受我。

別傷心！

不過後來人們還是離不
開我！

那你後來是怎樣
被發明的？

這是我在中國古代時的樣子，
人們運算的時候用我表示空位。

原來你是這麼來
的呀！

咻

這是我以前在印度的樣子，一個小黑塊，後來為了書寫方便就變成了「0」。

你們知道我除了表示空位還表示甚麼嗎？

代表甚麼都沒有嗎？

我的作用遠不止這個哦！

還是數軸上的正負數的分界點！

我知道了！你還能表示有！

點頭

有？！

比如溫度！我們說溫度為0的時候不是說沒有溫度，而是這個溫度剛好能結冰。

0 ℃

沒錯！可以表示溫度。我還能表示精確度，比如 4.5 和 4.50！

哇！！

53

雖然我被發明得晚，好在人類終於發現離不開我。

胖就胖吧～像你繫條腰帶嗎？

還哭哭啼啼呢！小日子過得那麼爽，瞧你！都沒有一點曲線美了。

大家都是數字兄弟，別冒火！

我的魔法書今天給你們講甚麼啦？

我們交了一個朋友叫「0」。

0 是數字的開始，也是貫穿數字的生命體哦！

9. 數學舞台劇

是數學舞台劇耶！

數學舞台劇

走！

哦～

但是要表演甚麼呢？

問問阿柳博士！

對哦！

你們可以表演古人發明「十進制」的故事嘛。

我們可以在您的書房查閱資料嗎？

可以，好的作品都需要翻閱大量書籍。

EXIT

歡迎光臨！

哇哦！

這裏的書還有聲音和畫面！

翻閱了很多資料。

加油孩子們！

再見！

謝謝阿柳博士！

週末

劇本

學校舞台劇開始了。

我是數學老師！

哈哈哈哈哈哈哈哈哈哈哈！

下面有請羅大頭！朱栗！李沖沖！

古代人是怎麼記數的呢？舞台劇《古代人發明十進制》正式開始！

換換換，快來換！換來肉肉好過年。換你們想要的貨物咯！

哈哈哈哈哈哈哈哈！

我本一個小女生，卻要劈柴把地耕。養了公雞和母雞，想換肥豬慶大生。你這裏有嗎？

換多少？

我一共有指頭這麼多隻雞！

哆、來、咪、發、嗦、啦、西、叨、怕、痛，代表着數，數到多少就有多少雞！

啊、唉、嗦⋯⋯

哈哈哈哈哈哈哈哈！

哆、來、咪、發、嗦、啦、西、叨、怕⋯⋯

哆、來、咪、發、嗦⋯⋯

啦、西、叨、怕。

你的「痛」隻雞可以換我「哆」頭豬。

好的！

左邊幾隻雞，右邊幾隻鴨，背上沒有胖娃娃，咿呀咿呀……

你每「咪」對雞和鴨換我一頭羊，請你算一算我該給你多少隻？

……

「哆、來、咪」一隻羊，「哆、來、咪」又一隻羊。

好的。

記一下今天的收穫吧!

左邊分成「痛」。

右邊也是「痛」。

現在還剩下「來」。

古人通過結繩的方法來記數量。有 22 隻雞和鴨就給大繩子打兩個結,給小繩子打兩個結。這就是古人的智慧,十進制的出現!

這是「20」

這是「2」

謝謝大家觀看!

61

10. 大小審判官

我排在最前面！

我最大！

我大！

！！！

！！！

大家不要吵架啦！

哇啊！你們快從我頭上下來！

我們是來平息爭吵的審判官！

阿柳博士，這些審判官是甚麼啊？

1631 年，英國數學家赫銳奧特開始使用「<」和「>」解決數字爭大小的問題。

大於 小於
> <

！！！

原來那麼早就有比大小的符號了啊。

哦～

人們一開始並不認可這種符號，直到發明 100 多年後人們才認識到這種符號方便又形象。

100 多年後～

這是兩條平行線，用來表示除了大於和小於的第三種狀態 —— 等於，它的名字叫等號。

阿柳博士，那這個符號又是甚麼呢？

數學家雷科德是第一個使用它的人，到 1591 年，法國數學家韋達大量使用「＝」這個符號，從此「＝」便和「＜」「＞」並列在一起使用了。

我懂了！

太厲害了！

哇！

肅靜！肅靜！

他們被拉開了！

快看！

哇！

你們兩個相比，「9」更大！

我還以為我更大點呢……

你看，我就說吧！

哇！音樂聲蓋住了爭吵的聲音！

你們兩個相比，「4」更小！

怎麼樣？這下服氣了吧！

哈哈哈！是你比較大！

你們兩個是相等的，不分誰大誰小。

定住

數字們都和好了！

我們得去解決別的糾紛啦。

謝謝審判官！

數學符號的作用可真是太偉大了！

65

我給大家出一個謎語吧：左邊尖，右邊敞，它是甚麼？想一想，打一個數學符號。

左邊尖，右邊敞，我知道了！是「小於號」！

答對了！

平起平坐兩根筷，不能用它來夾菜。數學符號少了它，一步也難往前邁。打一數學符號。

這是個「＝」，我猜到了！

今天認識了大小審判官，大家有甚麼感想？

我來總結一下：
兩個數來作比較，開口對着大數笑，尖尖總把小數挑。

你們三個人都很優秀啊！

11. 加減乘除你在哪裏？

運算符號不見了，沒人和我們玩了。

你們怎麼了？

好無聊！

嗚嗚嗚…

沒勁！

我們去找找吧？

好耶！

古希臘

加號！減號！你們在哪裏啊？

大聲

我在這裏呢！

???

左顧

右盼

看來我們要找的運算符號不在這裏！

古希臘人將兩個數字寫在一起表示加，寫得分開一些表示減，所以他們一直存在，只是我們看不見而已。

σμα
↓
200+40+1

哦～

σ ρ
↓
200 100

中國

加號！
減號！

大聲

我在這裏呢！

起身

你不是算籌嗎？

算籌既可以表示數字，也可以表示加減，加就是將所擺出來的數字合併，減就是將減去的部分從最初的數字裏拿出來。

23
73
96

加號、減號還是不在這裏……

哦！

意大利

我是科學家塔塔里亞。我沒見過這些符號，但我可以為你們介紹我的運算符號。

你好，請問你認識加號和減號嗎？

我是拉丁文「plus」的第一個字母，用來表示兩個數相加。

我是拉丁文「minus」的第一個字母，用來表示兩個數相減。

哇！你們也是加號和減號！

不要灰心，加號、減號一定就在我們身邊！

找不到啊！

摸頭～

嗅…

聞…

嗯？你們有沒有聞到一股酒香？

這不是葡萄酒嘛！怪不得聞到一股酒香！

你們看！我找到加號和減號了！

吃驚

ZZ

嘴

是葡萄酒商發明了我們！以前一些賣酒的商人用「－」表示酒賣了多少，以後要把新酒灌入大桶時，就在「－」上加一豎，變為「＋」。

我們見到發明者太開心了，不小心就掉進酒桶。

哈

哈

哈

哈

加號、減號真正在數學上使用是1489年，德國人威德曼在他的著作裏正式使用了「+」和「-」，後來在法國數學家韋達的宣傳和提倡下，才開始全面普及，最後於1630年得到認可。

原來你們的歷史這麼悠久啊！

你們知道乘號和除號去哪裏了嗎？

糟了！那乘號和除號呢？

不知道啊！

挺…

要不去下個地方找找吧！

那邊好像有人在爭吵！

咦？是乘號！

用「×」表示乘才是最好的！

不行！這樣乘法符號會和字母X混淆！

這兩個大叔是誰啊？

左邊的是英國數學家奧屈特；右邊反對他的是數學家赫銳奧特，他認為用「‧」來表示乘更好。

別吵了～

18世紀美國數學家歐德萊認為「×」是「＋」斜起來寫，是另一種表示增加的符號。

歐洲

除號最開始是作為減號在歐洲大陸流行的。

數學家奧屈特用「：」表示除，也有人用分數線，而後來人們把兩者結合起來，便誕生了「÷」。

快看那邊！有花車遊行哎！

快看！

除號在花車上！

我們可以回去了！

歡迎回來！

12. 機械人哈哈的變身術

我們去找阿柳博士學習一下幾何知識吧！

博士

哈哈，你去開門。

好的，博士。

你們好，我叫哈哈。

愣住

啊！這是能說話的機械人，真是太棒了！

裏面請。

這是我新研發出的「模塊化」機械人。

甚麼是「模塊化」機械人啊？

我來給你們看看吧。

哈哈的每一個身體部位都是一個「幾何體」模塊，裏面有精密的電路。

原來如此。

你好，我是羅大頭，很高興和你做朋友。

你好，我叫哈哈。

太棒啦！

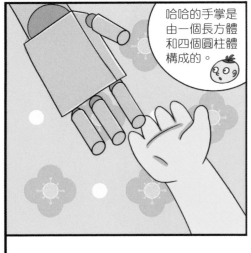

哈哈的手掌是由一個長方體和四個圓柱體構成的。

阿柳博士，哈哈是怎樣組裝成的？

你們試試就知道啦！

哈哈變身！

不要讓我四分五裂！

身體組成部分				
天線	2 根細圓柱體		手臂、腿	4 個圓柱體
頭	1 個大正方體		手掌	2 個長方體
眼睛	2 個圓		手指	8 個小圓柱體
嘴巴	1 個半圓		輪子	2 個圓球
脖子	1 個中號圓柱體		身體	1 個大大的正方體

請你們按照清單將哈哈組裝回去。

缺少一個零件哈哈都不能正常工作哦!

我會讓哈哈重新活過來!

……

我記得家裏的家具是這樣組裝的。

可以把它們先編號再組裝。

為甚麼拼好的機械人不動呢？

李沖沖，你要將所有幾何體都歸類，哪些幾何體是圓柱體，哪些是長方體等等，還要清楚這些幾何體在身體的哪個部位。

圓柱體一共有 15 個，長方體有 2 個，球體、圓和正方體都是 2 個，還有 1 個半圓。

怎麼少了一個長方體呢？

在哪？

原來在桌子下面！

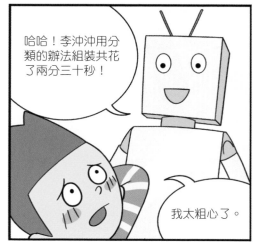

哈哈！李沖沖用分類的辦法組裝共花了兩分三十秒！

我太粗心了。

看了李沖沖的方法我想到了一個新的辦法，下一個就我來吧！

哈哈變身。

不要讓我支離破碎！

我會讓你脫胎換骨，很快就變回來的！

我要先將幾何體進行塗色分類！

上色完成！

恭喜羅大頭，只用了兩分零五秒。

哇哦～

輪到我了嗎？

哈哈變身！

不要讓我粉身碎骨！你們人類就喜歡折騰……

你也將這些幾何體分類，再根據身體各部位的大小來組裝！

對哦～

這一定是哈哈的軀幹。

這是哈哈的手臂。

這是哈哈的眼睛。

這是哈哈的天線。

恭喜朱栗完成了幾何體的拼裝！哈哈三次變身成功！

你們三個都很棒！今天大家主要用到的是分類思想，它在數學及其他科學的學習和研究中都是十分重要的！

13. 羅大頭家的聚會

請阿柳博士聚會的水果準備好了！

流口水

再過幾分鐘阿柳博士就該到了吧。

吃

吃

吃

飲料準備好了。

你們怎麼把東西全吃了？

對不起，我剛才有點餓……

嗝～

生氣

要不我和羅大頭再去準備吧，我剛剛吃了多少啊？

奇怪奇怪真奇怪，
蘋果排行夾棵菜。
順着數數它第五，
倒着數數它第七。
請你仔細算一算，
多少蘋果多少菜。

我考考你們，答出來，就可以變出一份同樣的東西了。

這還不簡單，5+7＝12！共 11 個蘋果，1 棵菜。

錯！菜在中間，順着數它是第五個，倒着數它是第七個，菜被數了兩次。

嶢～

哦！菜前面有 4 個蘋果，後面有 6 個蘋果，再加上它自己，4+6+1＝11。

如果數字很大怎麼辦呢？

可以找方法。順着數，它排第五，5 中包括這 1 棵菜；倒着數它排第七，7 中也包括這 1 棵菜！
（7+5）－（1+1）
＝12－2＝10（個）
所以有 10 個蘋果，1 棵菜。

還有一種方法，共 5+7－1＝11（個），其中 10 個蘋果，1 棵菜。

為甚麼要減 1 呢？

？？？

因為菜從左數了一次，從右又數了一次，多數了一次所以要減1呀！

原來如此！

天上掉下來好多的蔬菜啊！

我也來一首！

蔬菜朋友排兩隊，安安靜靜來聚會。
隊長蘿蔔下命令，兩隊交替站一隊。
南瓜左數排第一，玉米蘑菇緊跟隨。
青菜左數排第五，青瓜排在第幾位？

原來是阿柳博士來了！

列隊！

蔬菜真的聽口令排好隊了！

整整齊齊

青瓜排在第幾位呢？

14. 時鐘博物館

阿柳你來啦!

哈哈!

怎麼活過來了?!

喲!新面孔!

你們好!我是標杆,人們都叫我表。那是愛躺着的圭。

這個鐘錶怎麼讀啊?

不躺着怎麼給你做尺?還必須躺在正北邊。

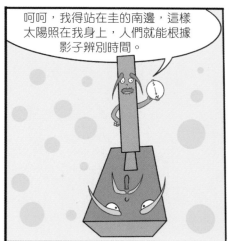

呵呵,我得站在圭的南邊,這樣太陽照在我身上,人們就能根據影子辨別時間。

晚上讀不了。

那陰天也不行。

我們可是古人智慧的結晶!

二十四節氣都是根據我們的影子長短確定的呢!

沒錯!古人從表在正午時刻的影子變化規律中知道了一年的時間長度。

現在的影子很短，說明太陽很高，是夏天哦。

博物館沒有太陽！

古人的智慧真讓人佩服！

我們去前面看看吧！

哇！這是哪裏呀？

這也太多鐘錶了吧！

等等我！

這是做甚麼的？

這裏可以自己動手製作鐘錶哦！

耶！我們可以製作自己的時鐘啦！

我要做一個可愛的時鐘掛在我的房間裏！

我要用細的蘿蔔當分針，用粗的當時針，人們看到我的時鐘一定會很有食慾。

我用這個年輪來做錶盤，樹的年輪和時間息息相關，這樣的鐘太有創意了！

我要用這個粉色鈕扣代表 1-12 這些時間！

時鐘像……
小小馬兒不停歇，
白日夜夜不休息。
蹄聲嗒嗒似戰鼓，
提醒人們爭朝夕。

太好啦！

以後我們可以用自己製作的時鐘啦！

91

15. 火柴怪怪的喜怒哀樂

羅大頭！快來實驗室！快來快來！

喂！喂！哈哈？

一定是有急事，得趕緊通知朱栗和李沖沖！

快開門呀！

可別打壞了我的髮型。

3＋5＝74，怪怪，你快下來！不要打壞了實驗室裏的東西！

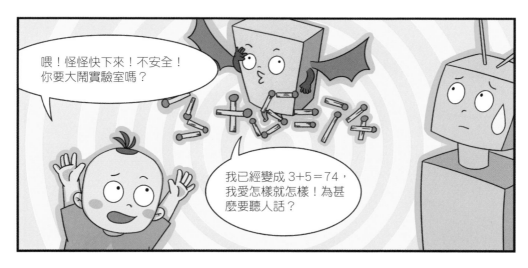

喂！怪怪快下來！不安全！你要大鬧實驗室嗎？

我已經變成 3＋5＝74，我愛怎樣就怎樣！為甚麼要聽人話？

試試讓它休眠！

強制休眠

拉

⚠ 程序錯誤 ⚠

怔住

落下

移動一根火柴改正這個錯誤的算式，才能解除怪怪的錯亂。

3、5 和 74 有甚麼關係呢？對了！3+5＝8，但右邊呢？

7+1＝8，右邊算式也等於 8！算式成立了！

把 74 變成 7+1。

成啦！！！

這一次的算式更難了啊！需要移動兩根火柴糾正錯誤了。

我再也不隨便動別人東西了，嗚嗚……

我知道了！改成7＋5-6＝6。

這也難不倒我！1＋9-8＝2。

我也想到一種，1＋9-2＝8。

恭喜三位！系統檢驗答案全部正確！

$$7＋5-6＝6$$
$$1＋9-8＝2$$
$$1＋9-2＝8$$

放心吧，怪怪馬上就變回來了。

都是我不好。

多謝三位小英雄相助！今日我攜 24 根火柴與大家跳舞聯歡！

我最喜歡跳舞了，我來加入你們！

我也試試！

我也來！

16. 七巧板帶我們去旅行

碎！

哇！ 哇！

我暈機了～

羅大頭，直升機能不能變大一點……

太陽快下山啦，我們找個地方休息一晚吧。

快看，那裏有間房子，我們去那裏休息！

我們還是去找點吃的吧。

咕 咕 咕

森林裏地形複雜，我們迷路了怎麼辦？

看！我們有七巧板！

我有辦法啦！

看我的吧！

一隻可愛的認路小狗！

天哪！！

好可愛！

摘果子去咯！

汪汪！

呃……要下雨了。

變！變！變！

看！我的傑作！

哇！

第二天……

……一片

這路怎麼走呀？！

泥濘……

我們做一個代步工具吧！

一匹駿馬怎麼樣？

製作完成！

好威武的馬！

馬兒！再快一點！

這麼寬的河，怎麼過呀？！

嗚嗚……

我記得學過一種七巧板方法。

看我的吧！

真有你的！！

七巧板小橋！

我怎麼沒想到還能拼出小橋？我先走啦！

這怎麼走？

我想想辦法。

空間瞬移機械人！

嗨！小朋友們，你們想去哪？

我們要去尋找發明七巧板的人！

地點：七巧板發明人的家；
人數：三人……

程式啟動……出發！

哇～進士豈不是像阿柳博士那樣聰明的人！

小朋友們，我是黃伯思，你們找誰呀？

您就是著名書法家黃伯思爺爺呀！久仰久仰，我們要找七巧板發明人。

七巧板是甚麼？連我一個進士都不知道。

不過鄙人設計了一種燕几，不知幾位小朋友有沒有興趣看看？

這是甚麼呀？

以前宴請別人，不是桌子不夠用，就是桌子大半空空，所以我就設計出了這種桌子。

有6張小桌子呢！

原來最初的七巧板只有6塊。

17. 偶像零距離

我喜歡幽默大師，最喜歡的是卓別靈！

我是你的粉絲，請問可以給我簽個名嗎？

Sure！

卓別靈居然可以用左手寫字！

為甚麼他們會用左手呢？

你們是不是很疑惑，剛剛為甚麼他們的慣用手都和你們的不一樣？

點頭

世界上有些人因為先天或後天習慣的原因成為了和普通人不一樣的左撇子，他們擅長用左手做事。

還有這種事？

除了你們的偶像，世界上還有許多善用左手的名人。

比如藝術家達文西、法國皇帝拿破崙、乒壇名將王楠等。

不對！我和愛因斯坦先生握手的時候，他伸的應該是右手！

這樣，你和李沖沖面對面地站着，並同時伸出左手。

哇！這是怎麼回事？羅大頭你是不是沒有分清楚左右啊？

？

我？對的啊！

你們也發現，你們面對面伸手的時候分明都是伸同一隻手，但是方向卻是相反的，對吧？

現在你們伸出手面朝同一個方向。

哇！

原來面對面時我們的左右是相反的！

左 右 右 左

你們真機靈，這麼快就領悟到了。

原來我們身邊有這麼多不同的左與右……

哦～

你們知道哪些和左右相關的事情？

我知道英國的車輛是靠左行駛的！

中國內地汽車要靠右行走！

客人來的時候要坐在主人的右邊！

左右與我們的生活息息相關！

右手

左手

18. 神奇的石子

這是甚麼啊？

你們在幹甚麼？

好累哦，終於挖出來了。

難道是美人魚搜集的海底珠寶？

我認為是維京海盜的金幣和古董。

勇士們，你們好！我是寶箱傑克。如果想要得到我的寶藏就要先答對我的三個問題！

碰開

—— 而我的問題就是擺石子。

這麼好的機會怎麼可以錯過！

我也想看看是甚麼樣的問題。

博士！

在小學一年級，我們最多接觸兩位數，請問，用2個石子可以表示哪些數？

2、20。

好快！

答案不全！答案不全！

還有 11 呢。

哦，我漏了。

正確答案是：2、11、20。

好耶！

恭喜大家答對了，闖過了第一道關卡！

用 3 個石子可以表示哪些兩位數？

3、12、30。

十位　個位

答案不全！

還有 21 呢！

十位　個位

成功！

正確答案是：3、12、21、30。

闖過了第二道關卡！

怎麼還有一個箱子⋯⋯

我們快去解題吧！

等一下。

李沖沖你反應很快，但太著急，老是漏掉答案，怎樣才能做到不漏掉呢？

…沉思…

要有順序、有規律地擺放石子。

	十位	個位	數字
①		● ● ●	3
②	●	● ●	12
③	● ●	●	21
④	● ● ●		30

我發現個位每次減少 1 個，十位每次就增加 1 個，依次序、有規律去放石子，就可避免遺漏與重複。

如果我先把 3 個石子全擺在十位，然後逐漸把它們向個位移，也不會遺漏。

十位	個位	數字
● ● ●		30
● ●	●	21
●	● ●	12
	● ● ●	3

就像這樣。

117

用 4 個石子會生成哪些兩位以內的數？

現在覺得好簡單呀！

我們擺好了！

只要做好分類並有序排列就會不重不漏！

十位	個位	數字
●●●●		40
●●●	●	31
●●	●●	22
●	●●●	13
	●●●●	4

現在請你們把 4、5、6、7、8 個石子分別可以表示的二位以內的數，用表格記錄下，找一找其中的規律。

好的！

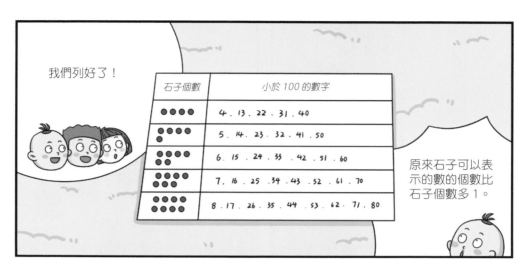

我們列好了！

石子個數	小於 100 的數字
●●●●	4、13、22、31、40
●●●● ●	5、14、23、32、41、50
●●●● ●●	6、15、24、33、42、51、60
●●●● ●●●	7、16、25、34、43、52、61、70
●●●● ●●●●	8、17、26、35、44、53、62、71、80

原來石子可以表示的數的個數比石子個數多1。

小勇士們的智慧真是超強！你們配得上這份寶藏！

寶藏呢？

像星星一樣哦！

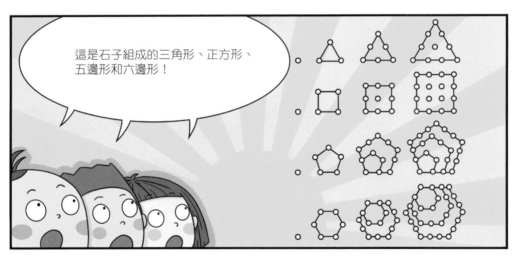

這是石子組成的三角形、正方形、五邊形和六邊形！

早在公元前 6 世紀，古希臘數學家畢達哥拉斯領着一羣年輕人在沙灘上玩耍，他們就在沙灘上用石子擺出各式圖形，逐漸得出了一些漂亮的有形數，如「三角形數」「正方形數」「五邊形數」和「六邊形數」……

有形數太美了！

畢達哥拉斯可是曾經說過：「數學統治世界！」

點頭

19. 骰子的惡作劇

相加是8，
相減是0。

算得沒錯！

二哥，他都
答對了。

那就放了他的
朋友吧。

謝謝你羅大頭！！

哈哈哈！好啦，別調皮了骰子兄弟！

二弟、三弟，
我們回來啦！

捉弄小朋友是不對的哦！
就罰你們四兄弟表演節目
作為道歉吧！

是！阿柳博士……

20. 找不到家的數字

21. 走最近的路

我們成了小小蜘蛛俠，要和蜘蛛比賽，看誰能最先抓住那隻蒼蠅。

&＊
＊#ㄆㄱ 鬧鬧
#？.#&@
米 ＊

哼哼，我選擇的 A → D → E → B 路線，那隻蒼蠅一定歸我。

明明是 A → D → B 最近！

應該是 A → C → B 吧。

準備，出發！

你不講武德啊！

你們變回原大看看。

為甚麼牠那麼快？

你們有甚麼發現嗎？

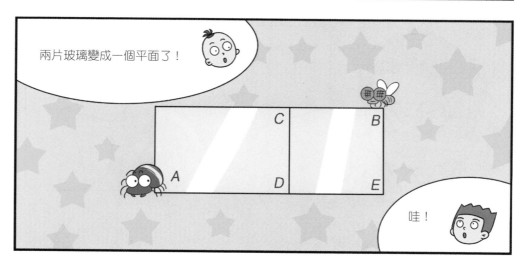

133

大家再看看，正確的最短路線應該是甚麼？

原來我們都錯了！應該在展開的平面中連接 AB，AB 交 CD 於點 M，蜘蛛爬行的路線應該是 A → M → B。

原來如此！

小小的蜘蛛能把空間問題轉化為平面問題，選擇最優路徑，你們佩服嗎！

22. 迷宮裏的小白兔

①

圖中有多少個正方形？

②

圖中有多少個三角形？

好有趣啊！

認真

三人看着桌上的兩張圖，埋頭做了起來，很快就有了結果。
三人的答案如下：

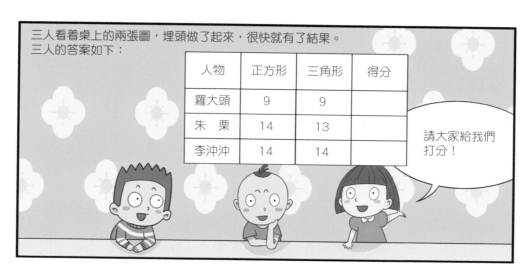

人物	正方形	三角形	得分
羅大頭	9	9	
朱栗	14	13	
李沖沖	14	14	

請大家給我們打分！

這類圖形計數問題，計數時經常有圖形重疊現象。用分類統計法可以做到不重複、不遺漏。

首先是圖 ① 的計算：
邊長為 1 的正方形有 9 個。

邊長為 2 的正方形有 4 個。

邊長為 3 的正方形有 1 個。

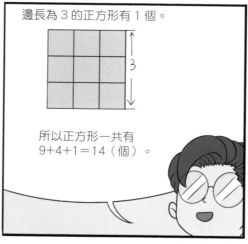

所以正方形一共有
9＋4＋1＝14（個）。

那麼三角形怎麼數呢？

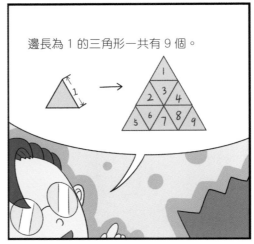

邊長為 1 的三角形一共有 9 個。

邊長為 2 的三角形一共有 3 個。

邊長為 3 的三角形有 1 個。
所以三角形一共有
9＋3＋1＝13（個）。

所以答案是：

正方形	三角形
14	13

139

哇，是一座「山」形的圖！

這座「山」形圖是座「迷宮」，它裏面的每個三角形裏都藏着一隻小白兔，想一想「迷宮」中共有多少隻小白兔。比比看誰先得出正確答案。

讓我們開始吧！

唰　唰　唰

我算出來了，是 18 隻！

我也算出來了啊！

不急，我得再檢查一下。

讓我來看看。

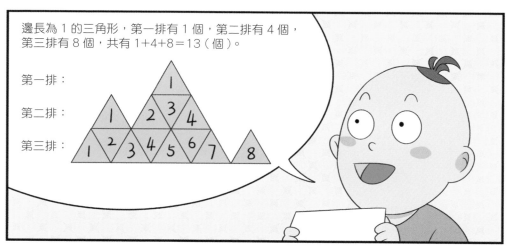

邊長為 1 的三角形，第一排有 1 個，第二排有 4 個，第三排有 8 個，共有 1＋4＋8＝13（個）。

第一排：

第二排：

第三排：

邊長為 2 的三角形有 4 個。

邊長為 3 的三角形有 1 個。

所以三角形一共有：
13+4+1＝18（個），
小白兔也就有 18 隻了。

你們三個
人全對！

做得又準又快的是
羅大頭！

23. 大戰石頭陣

阿柳博士一行人回地球時碰到了石陣。

怎麼擊碎一塊石頭，立馬又出現一塊啊？

恢復～

阿柳博士，我們的飛船快沒燃料了，怎麼辦？

要不我們穿上太空衣出去看看吧！

每個石頭上都有一個數字欸！

是不是讓我們按着數字順序一個一個擊破啊？

那趕緊試試吧！

恢復

按順序由小到大、由大到小都擊碎了一遍了啊……

還是不行！

那要怎麼辦呢？

我們的數字石陣可不是那麼簡單就能闖過去的！

？？？？

誰在說話啊？

我們給你一把槍，能讓我們通過石陣嗎？

不可以！

破陣的祕密就藏在這上面，破解不了就永遠留在這裏吧！

8
1
7
2
6
3
5
4

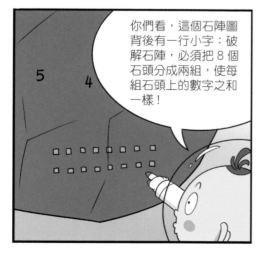

你們看，這個石陣圖背後有一行小字：破解石陣，必須把8個石頭分成兩組，使每組石頭上的數字之和一樣！

5   4

讓我想想該怎麼分組……

應當先從整體考慮，把所有的數相加，再平分一下就行。

？？？

1+2+3+4+5+6+7+8=36，36 平均分成 2 份是……

18+18=36

18+18=36，所以這兩部分的數字之和都要等於 18！

那我們算一算哪些數字之和是 18！

一個一個加太慢了，我們的飛船就快沒燃料了。

寫……

我發現：1+8=9，4+5=9，而 9+9=18，所以我們可以把這幾個石頭圈在一起。

8 1
7   2
       3
6
5   4

7+2=9，6+3=9，這四塊石頭相加也等於 18。這樣分兩部分之和正好相等！

那我們來試一下吧！

石頭沒有恢復原狀！

我們的方法對了！還剩 4 塊石頭，石陣就破了！

發射！

石陣破了，我們快上飛船吧！

好耶！

飛走～

地球人真厲害，從未被破解的石陣，他們就這麼破了！

回家咯！

今天給大家留一個問題吧！

把 1、2、3、4、5、6、7、8 分成兩組，一組內三個數，另一組內 5 個數，

兩組數的和要相等。請把所有的分組方法都列舉出來。

24. 火柴怪怪的變身術

149

我想起來了，必須用6根火柴才能變出想要的東西。

6根火柴怎麼變時光機啊？

怪怪你身後怎麼還有兩根火柴？

轟隆隆

打雷了！好像要下雨了，我們先變個房子吧。

只需要一個三角形和一個正方形就可以變個房子，可是那樣就需要7根火柴。

6根就可以。

變變變變！

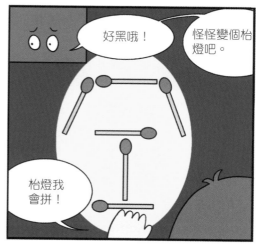

好黑哦！

怪怪變個枱燈吧。

枱燈我會拼！

我們可以拼出晚餐需要的東西。

我可以拼一張桌子！

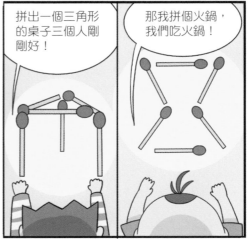

拼出一個三角形的桌子三個人剛剛好！

那我拼個火鍋，我們吃火鍋！

變變變變！

耶！我的肚子都餓得咕咕叫啦！

沒想到怪怪能變出這麼多東西！

我們生活中的東西都可以用簡單的圖形表現。

我們還可以變出一些家具在這裏過夜哦。

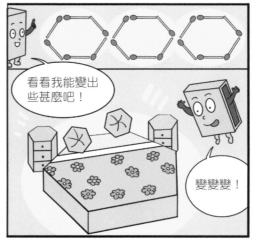

看看我能變出些甚麼吧！

變變變變！

155

25. 牛頓的故事

1643 年，牛頓出生在英國的一個小鄉村裏。

這孩子只有 1.36 公斤重，真的能活下去嗎？

牛頓出生前兩個月，父親就去世了，家裏極其窮困。

可誰也沒想到這小傢伙會成為震古爍今的科學巨人。

牛頓酷愛科學，整日都守在實驗室，最重要的事情就是做實驗，時常因此忘記其他事情。

認真～

牛頓居然說要宴請友人！

是啊，真是少見，他平時那麼忙！

這天，大科學家牛頓要請客……

我難得請客，總不能小氣，這一大桌菜應該夠了！

朋友們都還沒來呢，在這乾等不如先回實驗室忙一會兒。

過了一會兒，友人們到了。

好豐盛的佳餚啊！

但是牛頓去哪了？

牛頓請客本來就不容易，或許又是臨時被甚麼事耽誤了，那就等等吧。

點頭

一段時間後

哎呀！都這個點了！

咕

靜

他不會又在實驗室了吧？要不誰去叫叫他？

我不敢去！

他在實驗室不喜歡被打擾的……

要不我們先吃吧……

沒辦法，菜都快涼了！

糟糕！忘記時間了，朋友們來了嗎？

開門

嗯？發生了甚麼？

一片狼藉

對哦！我已經請過客了！已經吃完了！

那就繼續工作吧！

還有一次，給牛頓做飯的老太太有事要出去，就把雞蛋放在桌子上……

先生，我出去買東西，請您自己煮個雞蛋吃吧，水已經在燒了！

嗯。

我回來了，先生，煮了雞蛋沒有啊？

???

煮了。

先生真是的，雞蛋都還在這呢！

哦！我的上帝！

牛頓一生都酷愛科學，把自己的一切都獻給了科學。

正是因為牛頓有執着的探究精神，他發現了牛頓三大定律、萬有引力定律，還建立了微積分理論，為人類科學進步做出了卓越貢獻。

23. 大戰石頭陣　答案：

5+6+7＝18，1+2+3+4+8＝18，所以（5、6、7）和（1、2、3、4、8）
4+6+8＝18，1+2+3+5+7＝18，所以（4、6、8）和（1、2、3、5、7）
3+7+8＝18，1+2+4+5+6＝18，所以（3、7、8）和（1、2、4、5、6）

我的數學奇趣世界

在這裏寫下關於數學的奇思妙想吧。